U0050656

不用縫 超簡單

和風方巾
包出可揹可提
萬用手作包

日本同步 の 時尚風呂敷 ふろしき

GALAXY ◎編著

一起體驗
與日本同步的時尚手作布包！

Eco-Friendly Fashion 環保時尚是每個聰明女人必備的生活態度。

環保時尚又稱綠色時尚。一種可反覆使用的概念，不管是運用在服裝配件設計上還是布料材質，或是用最簡單的一塊布就能完成的外出包包與收納提袋，都體現一種綠色友善的創意巧思。

說到布巾的百變創意概念，就不得不提起日本傳統上用來搬運或收納物品的方型包袱布──風呂敷ふろしき，原本只是因應澡堂文化而衍生出來的收納衣物布巾，演變成為人手一條隨身配帶的絲巾或布巾，在現今環保風潮中成了引領時尚的新文化，同時兼顧個人優雅品味與實用收納的萬用布巾。

現在開始與日本同步流行，用一塊布，只要綁一綁、摺一摺，隨時可變化出千萬種實用又好看的包包，像是各種造型的外出包、便當袋、隨身瓶保護套提袋等到禮物包裝，通通一巾搞定！

趕快把衣櫥裡的絲巾和布巾通通找出來吧！

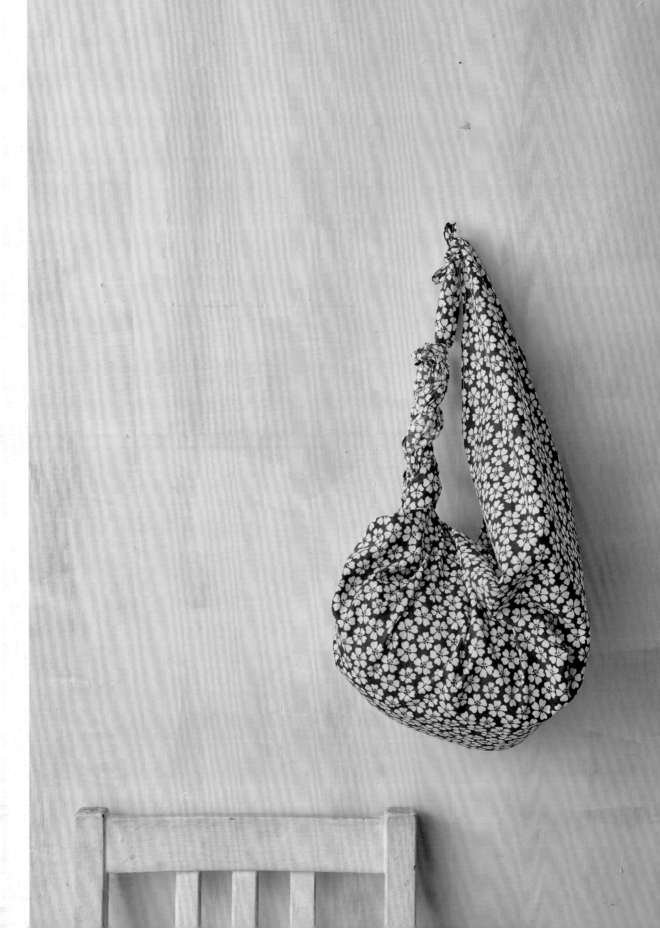

目錄
CONTENTS

Chapter 3

Daily Carry Bags
超實用生活收納提包

Chapter 4

Chic Gift wrap

一定要學會！超美型布巾禮物包

Chapter 1

兼具時尚與環保
的和風方巾

[Eco-friendly Square Cloth]

滿街經典、廣受喜愛的名牌包，卻少了一些個人風格的
人文氣息。一塊簡單的四方布巾，除了用來當作絲巾和
圍巾之外，竟可以變化出千萬種不同造型的各式包款、
適合居家生活的收納袋以及魅力無限的布禮盒提袋。兼
具環保時尚與個人風格造型的和風布包設計，都是每個
人可以入手的環保「綠時尚」！

一定要知道！
百變四方布巾的潮流魅力

不要小看一塊不起眼的布巾，只要運用小巧思就可以省下一大筆包包的治裝費。不用限定款式，不被名牌框製，從隨手的小方巾到大方巾，簡單綁幾個結或是搭配不同款的提把和揹帶，就能自由變化出令人意想不到的包款與提袋，還能將舊包換新裝，享受不受限的手作潮流新魅力。

潮流新魅力！善用圓環、提把和揹帶
就可以天天換造型，變風格！

不管是同款布包搭配不同材質的提帶，或是同款提帶搭配各式各樣
不同印花的布巾包裹出的外出揹包，都可以組合變化出千萬種不同
的包包造型，真是太有趣了！

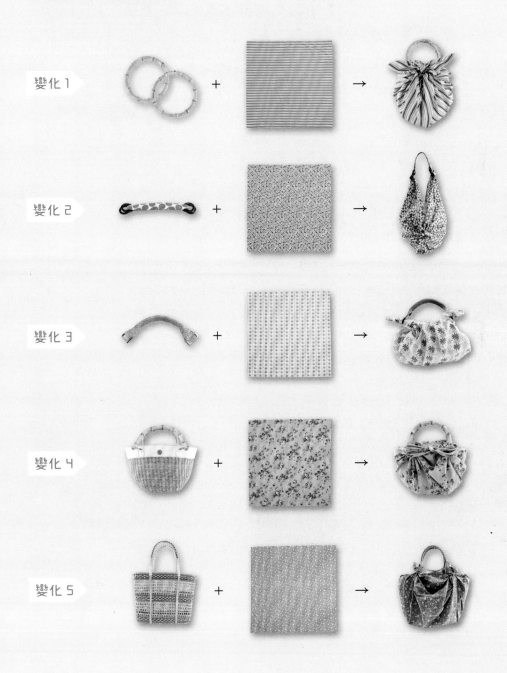

變化 1

變化 2

變化 3

變化 4

變化 5

布巾小知識—種類和用途

一般市面上的絲巾和布巾通常分為正方形和長方形，偶而會有一邊稍微長一點點，使用時會以較短一邊的布寬來決定用途與操作的依據，因此會用寬度來標示不同尺寸的布巾。

不同尺寸的布巾，可以依需求變化出各種實用的布包或提袋，所以可依自己使用的用途來挑選購買適合的布巾。

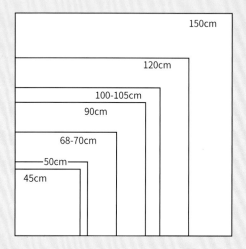

```
150cm
  120cm
    100-105cm
      90cm
        68-70cm
      50cm
    45cm
```

布巾的尺寸與用途

小布巾

賀禮信封
小型物品

45cm 寬：
小布巾除了用來當領巾，還可用來包裹婚喪喜慶場合的禮包及賀禮信封。

50cm 寬：
較常使用的棉布方巾，用來包裝便當餐盒，具有吸濕功能，方便清潔使用，都非常方便。

中型布巾

禮物‧禮品
手提包

68-70cm 寬：
為一般最常見的尺寸，主要做為小提袋或是拿來包裝禮盒或禮品等禮物。

75cm 寬：
主要材質為真絲或人造絲，除了包裝禮物，還可綁成隨身小提包。

大型布巾

手提包
旅行揹包
搬運物品

90cm 寬：
多種材質可供選擇，尺寸用途廣泛。可用來包裹
伴手禮變手提袋，還有打結綁成手提包和肩揹包。

110cm 寬：
可當成大型購物使用，或是外出揹包和旅行揹包，
搬運攜帶大型物品。

120cm 寬：
大部分為棉布方巾，只要用來製作大揹包或後揹
包，攜帶大型行李揹包都非常方便。

大型布巾

收納儲存
搬運家具
家飾佈置

150cm 寬以上：
主要以較堅固的棉布來包裹收納或搬運家具，也
可當暖桌墊或牆面掛飾等家飾佈置。

布巾材質種類與清潔保存

真絲

表面光滑柔和，具有珍珠般的光澤，高雅的
質感適合用來包裝婚喪喜慶的賀禮信封與禮
品包裝。具有良好的吸濕、透氣性能，但纖
維較脆弱，需小心洗滌及避免太陽曝曬。

棉

棉布堅固耐用，容易包裹操作，透氣、吸
濕且排濕性高，清潔也很簡單方便。適合
拿來包裹攜帶物品，建議可做為包裹成手
提包或搬運大型物品之用。

聚酯纖維

屬於人造纖維的一種，材質強度大、不易破
裂，適合包裹重物。在清洗收納上，還有不
易皺、不易縮水、不易發霉和不易導致人體
過敏等優點。

嫘縈

又叫人造絲，嫘縈製造的紡織品可以用來
模仿絲綢、羊毛、棉布和亞麻布等。質地
光滑，涼爽，吸收性好。衣物適宜乾洗或
冷水洗滌，最好不要用力擰或高溫熨燙。

預備練習——平結

基本平結布包禮盒

漂亮的平結不僅可以牢牢固定包裹的物品，還能學習增加自己的細心程度。從禮物包裝到生活中實用的收納提袋等，都可以輕鬆用一條布巾包裹出來喔！

包出正確基本禮盒布包的5大重點提示

平結
Square Knot

只要學會平結和單結的基本綁法，就可以綁出不同的包款。簡單又詳細的步驟拆解圖，跟著做就可以輕鬆完成，快找出手邊的布巾開始練習吧！

Point 1 平結長度適當

Point 2 布面要平整

Point 3 角落線條要俐落

Point 4 突顯布花圖案

Point 5 乾淨漂亮的平結

✓ **布巾尺寸**｜70cmx70cm

✓ **內容物**｜盒子

【如何選擇布巾？】

可依盒子的大小挑選適合尺寸的布巾，原則是布巾的對角線長度需是包裹的盒子的長度（長度＋高度）的 3 倍左右。

包裹的布巾尺寸從 50cm~110cm 都可使用。不管是絲巾或薄棉布都很合適，也可挑選正反雙色布巾，能製造平結和盒身兩色不同布花的效果！

【適合包裹物品】

各種大小不同尺寸的長方型或正方形盒子。

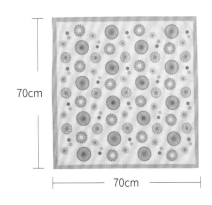

70cm

70cm

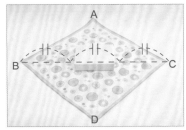

1 挑選布巾 將紙盒放在布巾對角線中間，布巾的對角線長度需是包裹的盒子的長度（長度＋高度）的 3 倍左右。

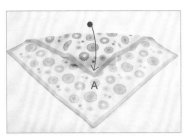

2 確認位置 將 A 折往中間覆蓋在盒子上面，將盒子前後左右調整，以確保布巾的主要印花圖案在盒子上面的位置。

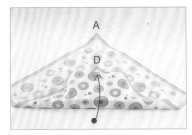

3 開始包裝 將 A 放回去原來位置，再將 D 折往中間覆蓋在盒子上面，並將 D 布角尖端塞入盒子底下。

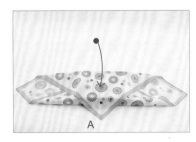

4 包覆盒子 將 A 蓋在 B 上面。

5 布面順平 把 A 布角尖端置於盒子下面，注意要順平盒子表面沒有皺紋。

6 抓起布角 提起 B，並將 B 底部多餘的布用手往中間折疊聚攏起來，並順平盒子角落的布面。

7 放置布角 將 B 折往盒子上方。

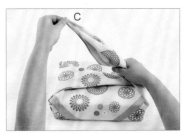

8 放至盒子上方 將 C 同步驟 6 一樣抓往盒子上方。

[平結的綁法]

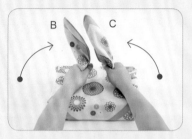

9 將 B 和 C 同時抓往盒子中間。

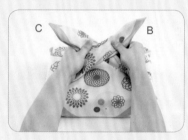

10 在盒子中間將 B 疊在 C 上面。

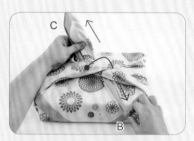

11 將 B 往下穿過 C 底下並拉出，用力拉緊 B，即完成一個活結。

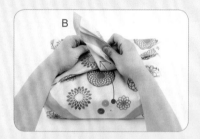

12 用右手小指壓住底下交叉處，並將 B 轉向左側。

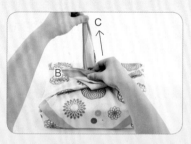

13 保持步驟 12 中 B 的位置，將 C 往上拉直。

14 將 C 往下拉疊在 B 上面，與 B 呈現垂直狀態。

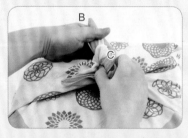

15 將 C 繞至 B 底下，再用右手拇指將 C 塞入右手食指形成的洞裡。

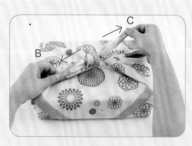

16 將 C 從洞裡拉出，用力將 B 和 C 往兩側拉緊。

17 將平結的尖角整理平順，即完成。

即使綁很緊的平結也可以輕鬆解開！

如何解開平結？

只要兩步驟，即使綁再緊的平結也可以輕鬆打開，
不用再為如何解開結而傷腦筋！

step1

抓住平結左邊布角並
向右拉，直到兩邊布
角都在同一邊。

step2

用右手抓住並固定底
下的結，然後用左手
將左側布條往外側拉
出，直到完全拉出布
條為止。

隱藏平結的布巾包裝法

只要一個小改變，就
可以把基本禮盒包裝
變成另一種全新的布
包禮盒，簡單實用又
大方！

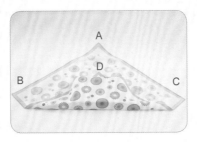

1 將 D 折往中間覆蓋在盒子上
面，並將 D 布角尖端塞入盒
子底下。

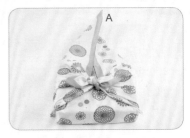

2 將 B 和 C 布角抓往中間，綁
一個平結。

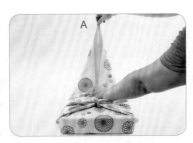

3 提起 A，並將 A 底部多餘的布
往中間折疊聚攏，並注意將
盒子角落的布面整理平順。

4 將 A 沿盒面往下折，將 A 布角
折入盒底即完成。

{ Overhand Knot Wrap }

預備練習——單結

基本單結手提袋

3 個結，就能綁出不僅是購物袋也是旅行中的隨身小提包，側邊開口設計可以裝下比包包大的物品。即使放下盆栽，也不傷害花卉葉子。

快速包裹包包
超簡單！

如何綁出漂亮的單結

只要掌握一個竅門，跟著步驟就可以綁出漂亮俐落的單結，
多練習幾次就可以輕鬆上手。

1　取布的中心點，將 AD 折向對
角線並對齊。

2　繼續將布邊兩側折向中心對角
線對齊。

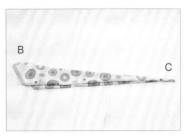

3　接著如圖，將兩端對折拉齊。

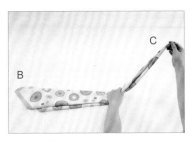

4　抓起 C 布角。

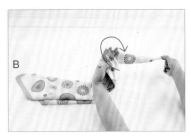

5　將 C 布角沿著左手逆時針繞轉
360 度一圈。

6　再接著繞 180 度半圈至左邊。

7　將 C 穿入手掌的洞並拉出。

8　抓住 B 和 C 往兩側拉緊，即
完成。

Chapter 2

綁出時尚
萬用包

[Wrap Your Outdoor Bags!]

絲巾和布巾不再只是頭巾和圍巾等造型配件,環保購物袋、托特包、日式後揹包、肩揹手提兩用包包、可愛小錢包、便當袋、野餐包、紅酒袋、布書衣…,通通一條布巾可搞定,而且絕不撞包喔!

三角飯糰
造型購物袋

{ Simple Triangle Bag }

隨手一塊布只要綁三個結,馬上變成大容量購物袋。
可愛的三角飯糰造型容量超大,即使美美的花盆植物也可以輕鬆拎回家!

✓ **布巾尺寸** 70cmx70cm
✓ **內容物** 個人生活用品＆隨身小物

【如何選擇布巾？】
從 50cmX50cm 綁出的隨身小提袋、70cmX70cm 綁出的購物提袋、90cmX90cm 的外出肩揹包、110cmX110cm 的大型提袋，可依照使用目的來選擇布巾的大小。若考慮到耐重性最好挑選棉布或人造纖維材質布料。

【適合包裹物品】
生活用品、餐盒／水果／大型雜貨／畫框／紙板／植物花盆等難以攜帶的物品。

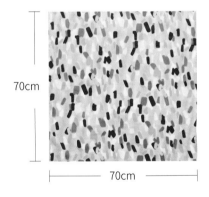

70cm × 70cm

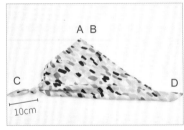

1 布角綁單結 先將布正面朝上對折成三角形，將 C 綁一個長度約 10cm 的單結（參考 P19）。

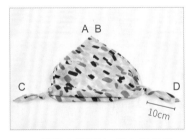

2 綁第 2 個單結 將 D 同樣綁一個長度約 10cm 的單結（參考 P19）。

3 頂端綁平結 將 A 和 B 綁一個平結（參考 P16）。

4 完成。

水滴造型
購物提袋

{ Simple Drop Shape Bag }

可愛的水滴造型提袋不僅包裹操作最簡單,還可以延伸出多種功能提袋。
只要挑選不同尺寸的布巾,從隨身包、外出肩揹包到大型物品揹包都可以輕鬆完成!

What you need

✓ **布巾尺寸**｜70cmx70cm
✓ **內容物**｜生活用品

How to choice

【如何選擇布巾？】
從 50cmX50cm 方巾綁出隨身小提袋、70cmX70cm 方巾的購物提袋、90cmX90cm 方巾的外出肩揹包到 120cmX120cm 以上的大型提袋，可依照使用目的來選擇布巾的大小尺寸。最好挑選棉布或人造纖維材質布料，比較會耐重的方巾。

【適合包裹物品】
生活居家用品、植物花盆等難以攜帶的商品。

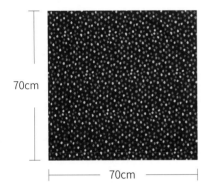

70cm

70cm

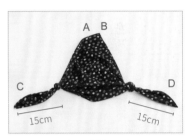

A B
C D
15cm 15cm

1 **折成三角形** 將布反面朝上對折成三角形。

2 **綁兩個相同單結** 將 C 和 D 個綁一個長度約 15cm 的單結（參考 P19）。

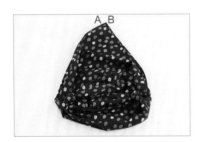

A B

B
A

A B

3 **將兩單結折向中心** 將單結折向三角形中心。

4 **翻至正面** 將 A 和 B 打開翻至布的正面。

5 **頂端綁平結** 將 A 和 B 綁一個平結（參考 P16）。

6 將包包內部底端的兩側單結整理平整即完成。

和菓子造型
隨身小錢包

{Balloon Drawstring
Carry Wrap }

臨時找不到提袋，利用隨身小布巾加上簡單幾步驟就可以完成小提包，
手機、零錢包、票卡夾和鑰匙包，通通放進來，立刻帶著走！

What you need

✓ **布巾尺寸** │ 70cmx70cm
✓ **內容物** │ 手機、零錢包
等隨身小物

How to choice

【如何選擇布巾？】

70cmX70cm 的小布巾，適合上班族外出用餐攜帶或至超市選購商品。
材質選擇較無限制，不管是棉布、絲巾、人造纖維等布料都很適合。

【適合包裹物品】

除了手機、零錢包和票卡夾之外，也可以放入小型化妝包等個人隨身小物。

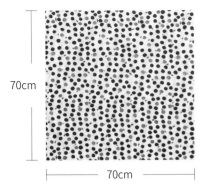

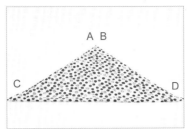

1 **折成三角形** 將布反面朝上對折成三角形。

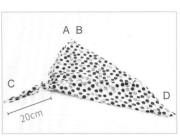

2 **布角綁單結** 將 C 綁一個約 20cm 長的單結 (參考 P19)。

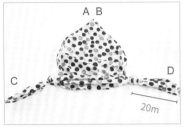

3 **兩布角皆綁單結** 將 D 也同樣綁一個長度約 20cm 的單結 (參考 P19)。

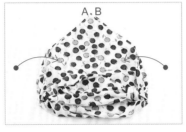

4 **單結折向中心** 將兩單結折向三角形中心。

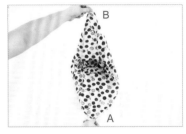

5 **翻至正面** 將 A 和 B 打開翻至布的正面。

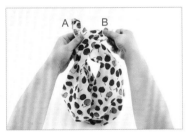

6 **綁活結** 將 B 疊在 A 上,往下繞綁一個活結 (參考 P16)。

7 **拉緊提帶** 將 A 和 B 往兩邊拉緊。

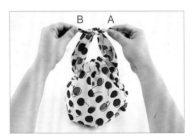

8 **綁平結** 將 A 和 B 綁一個平結。(參考 P16)

9 完成。

可伸縮開口的錢包,東西不掉落

將提袋底部的開口拉開,放入手機等隨身物品,用雙手拉住提帶往兩旁拉緊即可將開口束緊,裡面的東西就不會掉出來了!

野餐墊 & 野餐籃
多功能兩用布巾

{ Picnic Basket Wrap }

藤製的野餐籃利用布巾的包裹就能立即展現不同的風情，
將包裹野餐籃的布巾拆開，鋪在草地上馬上變身野餐墊，
輕鬆享受愜意的野餐時光！

What you need

✓ **布巾尺寸**│90cmX90cm
✓ **內容物**│野餐籃

How to choice

【如何選擇布巾？】
可依照野餐籃的大小挑選適合尺寸的布巾，包裹的布巾尺寸從
70cm~110cm 都可使用。適合挑選較耐用的棉布，可挑選雙面
布巾包裹，製造提環和籃身兩色不同布花的效果！沒有提環的
籃子也可以包裹，只要將原本綁在提環上布條沿著籃子開口邊
緣綁一個平結即可。

【適合包裹物品】
各種圓形的水果籃、麵包籃、野餐籃、置物籃、雜物籃、手作
材料收納籃。

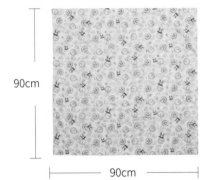

90cm

90cm

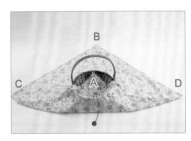

1 **放置野餐籃** 將野餐籃放在布巾中間。

2 **布角折向中間** 將 A 折往中間覆蓋在籃子上面。

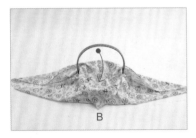

3 **覆蓋籃子** 將 B 折往中間覆蓋在 A 上面。

4 **抓起兩端布角** 將 C 和 D 往上抓起。

5 **順時針扭轉** 將布角順時針扭轉。

6 **扭轉兩端布角** 將 C 和 D 布角皆順時針扭轉。

7 **反方向繞綁** 將 C 和 D 分別反方向繞綁在提環上，繞至提環中間。

8 **綁平結** 將 C 和 D 綁一個平結（參考 P16）即完成。

簡約風
上課書本包

{ School Bag Wrap }

上課書本筆記、烹飪課食譜、鋼琴課琴譜、繪畫課繪本和筆袋，
將所有上課用品通通放進去，小物品可從側邊開口輕鬆放入和取
出，還可當大型購物袋哦！

What you need

✓ **布巾尺寸**｜90cmX90cm
✓ **內容物**｜書、筆記、隨身小物、工具和筆袋等上課用品。

How to choice

【如何選擇布巾？】
包裹的布巾尺寸從 90cm~140cm 都可使用。90cm 寬的提包適合上班上課或外出購物，購物時大型物品像是畫框或木板則可用 120cm 以上的布巾包裹提回家。適合挑選較耐用的棉布。

【適合包裹物品】
書本筆記和工具筆袋、手作工具材料、樂譜和笛子等小型樂器、油畫課的畫框和繪本及油墨工具、壓扁的紙箱和木板等大型物品。

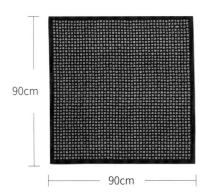

90cm
90cm

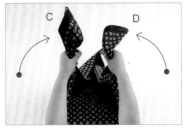

1 **放置筆記物品** 將布巾反面朝上，把書本筆記放在 C 和 D 對角線上方。

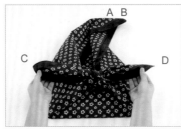

2 **對角對折** 將 A、B 布角對折。

3 **抓起兩端布角** 將 C 和 D 往上抓起。

4 **綁平結** 將 C 和 D 綁一個平結（參考 P16）。

5 **綁平結** 將 A 和 B 綁一個平結（參考 P16）。

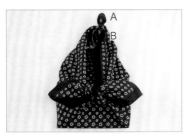

6 將手穿過 AB 平結下方，將 AB 平結勾在手腕處即可提著走。或是抓取 AB 平結提起包包即可。

不管是任何書籍文具都能裝，拿來當購物袋也很適合。

花朵造形肩揹包

{ Bloom Shoulder Bag Wrap }

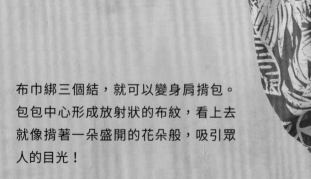

布巾綁三個結，就可以變身肩揹包。
包包中心形成放射狀的布紋，看上去
就像揹著一朵盛開的花朵般，吸引眾
人的目光！

✓ **布巾尺寸**｜90cmX90cm
✓ **內容物**｜個人物品與隨
身小物

How to choice ▸

【如何選擇布巾？】
布巾尺寸從 90cm~110cm 都可使用。布巾越大，包出的包包容量
越大。上班上課或平時購物可選擇 90cm 布巾，外出旅行或大量購
物時則可用 110cm 布巾來包裹。材質則是以稍薄的棉布和人造纖
維布巾較為適合。

【適合包裹物品】
平日所需物品、手機和錢包等隨身物品、兩天一夜旅行所需生活
用品。

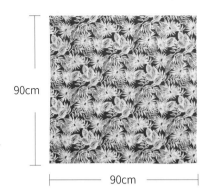

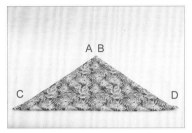

1 **折成三角形** 將布的反面朝上對折成三角形。

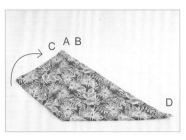

2 **尖角對折** 將 C 尖角折往 A 和 B 尖角。

3 **抓出單結位置** 用手抓住折線位置。

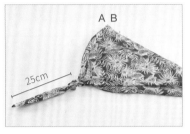

4 **綁一個單結** 將 C 綁一個 25cm 長的單結 (參考 P19)。

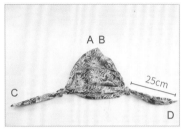

5 **兩布角皆綁單結** 將 D 也綁一個 25cm 長的單結 (參考 P19)。

6 **單結折向中心** 將兩單結折向三角形中心。

7 **翻至正面** 將 A 和 B 打開翻至布的正面。

8 **綁活結** 將 B 疊在 A 上，往下繞綁再拉成一個活結 (參考 P16)。

9 **綁平結** 接著將 A 和 B 綁一個平結 (參考 P16)。

10 完成。

花朵揹包好吸睛！

33

超吸睛
日式後揹包

{ Backpack Carry Wrap }

只要大小兩塊布，就可以輕鬆做出和小朋
友一樣的日式後揹包，超簡單步驟不僅可
以和寶貝一起完成，還可藉機倡導小朋友
的環保意識，享受溫馨的親子時光之餘，
一起揹出門造型更吸睛！

What you need

✓ **布巾尺寸**｜110cmX110cm
✓ **內容物**｜大盒子等生活用品

How to choice

【如何選擇布巾？】
小朋友的後揹包適合的布巾尺寸為 70cm~90cm，大人的後揹包布
巾尺寸為 100cm~130cm。布巾的材質除了平織織紋的棉布之外，
人造纖維方巾也很適合包裹。

【適合包裹物品】
書本、上課工具和用品、盥洗衣物、隨身用品。

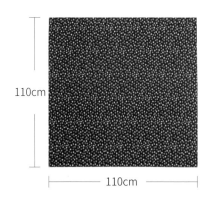

110cm

110cm

1 **放置物品** 將欲放置的物品放在布巾中間,將 A、B 布角對折。

2 **抓起布角** 抓起 A、B 兩端布角。

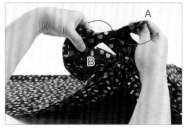

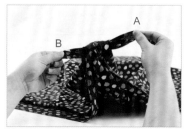

3 **交疊布角** 將 A 疊在 B 上面。

4 **綁活結** 將 A 往下繞綁在拉成一個活結 (參考 P16)。

5 **抓住兩端布角** 抓住 AB 兩端布角。

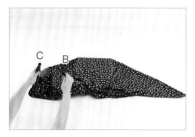

6 **布角往外拉** 將 A 和 B 布角往兩端拉。

7 **綁活結** 抓起 B 和 C 布角綁活結 (參考 P16)。

8 **綁平結** 接著再將 B 和 C 綁一個平結 (參考 P16)。

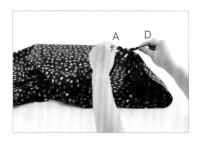

9 **兩端皆綁平結** 將 A 和 D 綁一個平結 (參考 P16)。

10 抓起兩揹帶往後揹,即完成後揹包。

可更換背帶風潮

繽紛花布
提帶布巾包

{ Shoulder Bag Wrap }

利用提袋的長度來變換包款的風格，
肩揹、手提超百搭，CP 值超高！

What you need

✓ **布巾尺寸** | 90cmX90cm
✓ **花布提帶**

✓ **內容物** | 上班上課工具和
用品、個人隨身物品

How to choice

【如何選擇布巾？】

可依照提帶的印花顏色來挑選包包的布巾顏色和圖案，布巾顏色和圖案
的挑選，只要提帶有相同色系即可。例如提帶顏色組成為白、綠和橘
色，那麼布巾的印花顏色也必需有白、綠和橘色三色其中一種顏色才會
比較搭。尺寸則為 70cm~110cm 皆可。

【適合包裹物品】

上班或上課所需物品、手機和錢包等隨身物品、兩天一夜到三天兩夜旅
行所需生活用品。

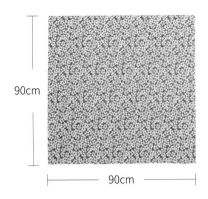

90cm

90cm

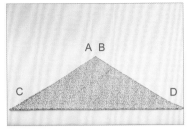

A B

C   D

1 **折成三角形** 將布的反面朝上對折成三角形。

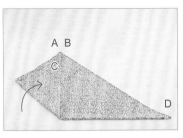

A B

C

D

2 **尖角對折** 將 C 尖角折往 A 和 B 尖角。

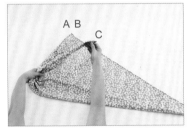

A B
C

3 **抓出單結位置** 用手抓住折線位置。

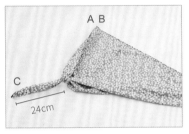

A B

C

24cm

4 **綁一個單結** 將 C 綁一個 24cm 長的單結 (參考 P19)。

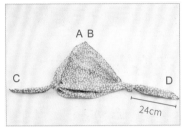

A B

C   D

24cm

5 **抓住兩端布角** 抓住 AB 兩端布角。

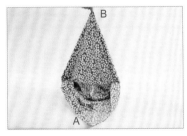

B

A

6 **翻至正面** 將兩單結折向三角形中心,將 A 和 B 打開翻至布的正面。

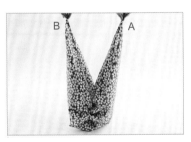

B   A

7 **整理布面皺褶** 抓起 A、B 兩布角甩動使包包表面皺褶平順。

8 **穿過提帶扣環** 將 B 布角穿過提帶的扣環。

10cm

9 **拉緊扣環** 繼續將布角穿過兩個扣環中間,往外拉出約 10cm 布角。

10 將兩邊布角穿過提帶兩端的扣環即完成。

甜美系
雙結西瓜提袋

{ 2 Ties Carry Wrap }

圓滾滾像西瓜般可愛的手提包，是利用簡單的兩個結就完成。
討喜的造型可愛又俏皮，快把衣櫃裡的絲巾或方巾找出來試試吧！

What you need

✓ **布巾尺寸** ｜ 90cmX90cm
✓ **內容物** ｜ 圓形重物

How to choice

【如何選擇布巾？】

70cmX70cm 包裹的提包容量較小，可放入外出購物或約會的隨身小物。90cmX90cm 則可裝入更多物品，當成購物袋放入圓形如西瓜等重量較重的蔬果。材質選擇較無限制，不管是棉布、絲巾、人造纖維等布料都很適合。

【適合包裹物品】

日常生活用品、手機和錢包等隨身小物、西瓜等圓形蔬果。

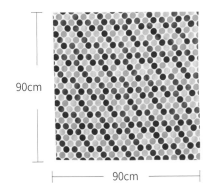

90cm
90cm

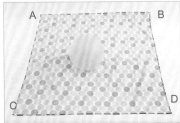

1 **放置物品** 將愈放置的物品放在布巾中間。

2 **綁小平結** 將 C 和 D 綁一個小型平結 (參考 P16)。

3 **綁大平結** 將布轉 180 度，將 A 和 B 綁一個大型平結 (參考 P16)。

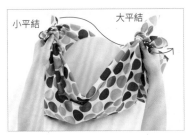

4 **穿過平結** 將 CD 小平結穿過 AB 大平結底下的洞並拉出。

5 將 CD 小平結完全拉出來並拉緊。

6 將提帶和布包表面整理平整即完成。

💡 **放在購物籃中即是一個好看又實用的環保袋！**

把一塊 90cmX90cm 的布攤開平放在購物籃中間，放入購買的物品後，前後各綁一個大小相同的平結，最後用手抓起兩個平結就變成一個好看又耐用的環保購物袋。

自然風
竹環手提包

{ Natural Style Carry Wrap }

帶著自然風的清新竹環搭配亮彩色系的布巾，輕鬆創造出悠閒
氣息。還可換上其它圓提把，為自己打造另一種時尚風情。

What you need

✓ **布巾尺寸** | 90cmX90cm

✓ **竹環 X2 個**

✓ **內容物** | 手機、錢包等隨身物品。

How to choice

【如何選擇布巾？】

70cmX70cm 的布包起來小巧可愛，可當成隨身包使用。

90cmX90cm 包裹的布包容量較大，可當成外出包或約會使用。

適合的布巾材質為薄棉布，完成的提包形狀較為漂亮。

【適合包裹物品】

可搭配木圓環、竹圓環、琥珀造型圓環等壓克力圓環使用。

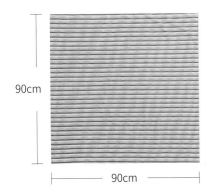

90cm

90cm

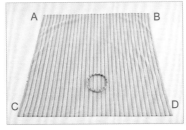

1 **放置竹環** 將一個竹環放在布巾反面。

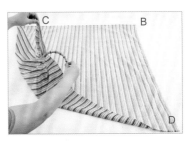

2 **穿過竹環** 將 C 布角拉起穿過竹環。

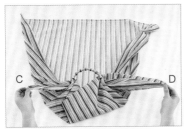

3 將 D 布角拉起穿過竹環。

4 **翻轉布角** 將 C、D 布角翻轉至外側，將 C 交叉疊在 D 上面。

5 **綁平結** 將 C、D 布角綁一個約10cm 長的平結 (參考 P16)。

6 將 A 和 B 布角同樣如步驟 5 在竹環外側綁一個平結 (參考 P16)。

7 完成。

竹環提包展現好品味！

訂製個人的
專屬包

{ Custom Bag Wrap }

看膩了自己的包，又沒預算買新款式？
不如換個布巾讓既有的包包重新打造煥然一
新的感覺吧！
以籐編提環包搭配印花布巾，完成的新包款
充滿休閒風情，讓人看了好想去度假呀！

舊包換新裝

浪漫優雅提包

好久前買的手提包想扔又不捨，不妨利用喜歡的絲巾，重新讓包包換新裝變風格，又是一個可以開開心心拎出門的新包！

What you need

✓ **布巾尺寸** | 70cmX70cm
✓ **內容物** | 藤編手提包。

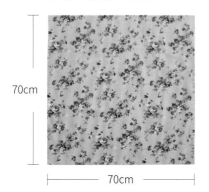

70cm

70cm

How to choice

【如何選擇布巾？】

布巾的邊緣必須能完全包覆住包身，布太小的話就會露出舊包表面而無法包裹成型。包裹前請先量好包包的包身尺寸，寧可布較大一點將布邊反折進去包包裡。可挑選自己的絲巾、圍巾和布巾，人造纖維的絲巾也很適合。

【適合包裹物品】

各種材質和造型的肩揹包和手提包。

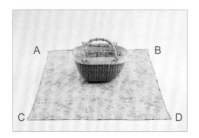

1 **放置包包** 將包包放在布巾反面的中間位置。

2 **穿過提帶環** 將 CD 布角穿過提帶環。

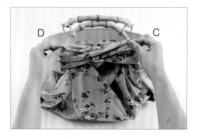

3 **綁平結** 將 CD 布角轉到包包正面，將 C 疊在 D 上面。

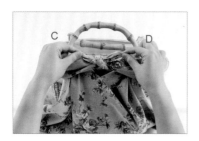

4 將 CD 布角綁一個平結（參考 P16）。

5 **綁平結** 將包包轉 180 度，將 AB 布角穿過提帶環。將 AB 布角綁一個平結（參考 P16）。

6 將提帶兩端的平結整理平整即完成。

再現新風情
小清新度假肩揹包

想把揹了好久的包包再現新風情，變成流行的度假風時尚，很簡單，只要一塊布就可以辦到。快跟著我們的腳步一起改造換新包，輕鬆搭上度假風潮流！

What you need

✓ **布巾尺寸** ｜ 114cmX114cm
✓ **內容物** ｜ 藤編肩揹包。

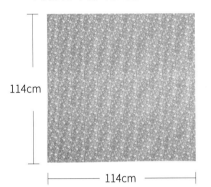

114cm（左側）
114cm（下側）

How to choice

【如何選擇布巾？】
挑選的重點在布巾大小必須要能完全包覆住包身，布巾太小的話就會露出舊包的包身。包裹前請先量好包包的尺寸，寧可挑選較大一點的布巾，綁好後將布邊反折進包包裡即可。同樣可挑選絲巾、圍巾和布巾，人造纖維的絲巾也 OK ！

【適合包裹物品】
各種材質和造型的上班或外出用肩揹包和手提包、藤編包包。

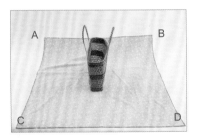

1 放置包包 將包包放在布巾反面的中間位置。

2 穿過提帶 將 CD 布角穿過提帶。

3 綁平結 將 CD 布角翻轉至外側，綁一個平結 (參考 P16)。

4 翻轉 180° 將另一邊 AB 布角穿過提帶。

5 將 A 和 B 布角同樣如步驟 3 在提帶外側綁一個平結 (參考 P16)。

6 完成。

可調式復古風
肩揹包

{ Shoulder Bag Wrap }

散發著日式傳統風味的包款，是利用結與結之間完成的可調式
肩帶，在移動之間可隨個人喜好，手提或肩揹皆可調整喔！

What you need ▶

✓ **布巾尺寸**｜70cmX70cm
✓ **內容物**｜上班、上課用品與個人隨身小物。

How to choice ▶

【如何選擇布巾？】
可依個人喜好自由選擇布巾的尺寸和材質。為了方便使用肩帶，布巾最好超過 68cm 以上的布寬，最小尺寸的布巾包出來即成為小巧可愛的迷你肩揹包。

【適合包裹物品】
隨身小物、手機、錢包、鑰匙包、卡夾。

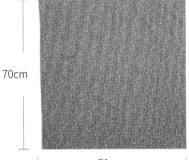

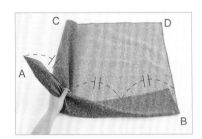

1 抓住布角 將布反面朝上，用手抓起布邊 1/3 位置的 A 布角 (即肩揹提帶位置)。

2 綁單結 將 B 布角繞過 A 布角綁單結 (參考 P19)。

3 拉出布角 將 B 尖端布角拉出一小角。

4 拉出肩帶長 接著將 A 布角拉出約 25cm 長度。

5 綁出肩帶 反轉 180 度，將 CD 布角重複步驟 1-3 綁單結，將 D 往上拉出約 25cm 長，完成後將 D 疊在 A 上面。

6 綁平結 將 D 和 A 綁一個平結 (參考 P16)。

7 完成。

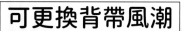

編織提帶手提包

{ Handbag Wrap }

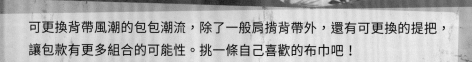

可更換背帶風潮的包包潮流,除了一般肩揹背帶外,還有可更換的提把,
讓包款有更多組合的可能性。挑一條自己喜歡的布巾吧!

What you need

✓ 布巾尺寸 | 90cmX90cm
✓ 提帶
✓ 內容物 | 辦公用品、採買
生活用品或個人隨身物品。

How to choice

【如何選擇布巾？】
只要選擇 90cmx90cm 以上尺寸的布巾即可，可依個人的需求和
使用習慣來決定布巾的大小。布巾材質也建議使用較硬挺的厚棉
布或斜紋棉，不管在耐用性和完成的包包外觀上都較為適合。

【適合包裹物品】
各種材質、造型、長度的提帶。

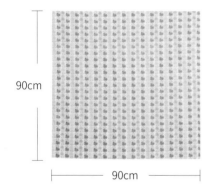

90cm
90cm

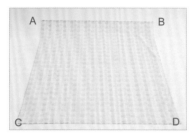

1 **反面朝上** 將布巾反面朝上平放。

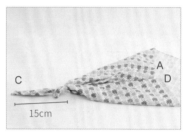

15cm

2 **綁單結** 將 C 布角綁一個 15cm 長的單結 (參考 P19)。

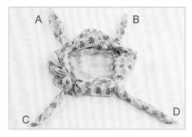

3 **四布角綁單結** 將其他 ABD 三邊布角皆綁 15cm 長的單結 (參考 P19)。

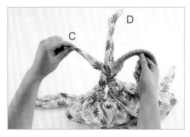

4 **穿過提帶環** 將 C 和 D 布角穿過提帶尾端的帶環。

5 **綁平結** 將 C 和 D 布角綁一個平結 (參考 P16)。

6 將 AB 布角在提帶另一端同樣綁上平結(參考 P16) 即完成。

野餐・散布 隨身包

{ Outdoor & Picnic Carry Wrap }

想要優閒的散散步，或是享受午後的輕鬆時光，只要簡單提包就可以。身邊的小方巾有趣的成為隨手小提包，喜歡嗎？綁一個給妳。

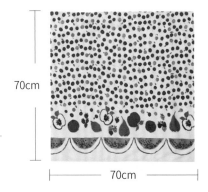

What you need

✓ **布巾尺寸**｜70cmX70cm
✓ **內容物**｜餐盒

How to choice

【如何選擇布巾？】
可依包裹物品大小挑選適合的布巾尺寸，小至 50cm 包裹的小餐盒便當，大至 110cm 包裹大型物品，只要物品寬度不要超過對角線的 1/3 長即可。材質則較無限制，只要物品無銳利尖角即可。

【適合包裹物品】
香蕉等水果、便當餐盒、衣服或鞋子等配件、名產或禮盒。

70cm

70cm

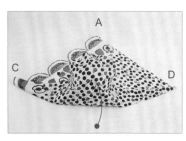

1 放置物品 將布巾反面朝上，將欲包裹的物品放在布巾中間。

2 布角折向中間 將 B 折往中間覆蓋在物品上面。

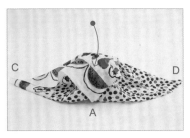

3 覆蓋物品 將 A 折往中間覆蓋在 B 上面。

4 抓起布角 用左手將 D 布角根部聚攏，右手拉緊布角。

5 順時針扭轉 將 D 布角順時針扭轉。

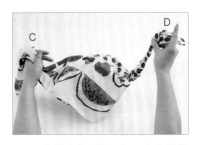

6 聚攏布角 將 C 和 D 布角抓起往中間聚攏。

7 綁平結 將 C 和 D 綁一個平結（參考 P16）。

8 拉緊平結形成一個提帶即完成。

超實用
購物托特包

{ Tote Bag Wrap }

抱持著嘗鮮的心情,用大方巾創造了亮眼的大托特包,
輕鬆搞定購物這件事,還可當成上班專用肩揹包!

What you need

✓ **布巾尺寸** | 90cmX90cm
✓ **內容物** | 上課工具、上
班用品、隨身物品。

How to choice

【如何選擇布巾?】
可利用手邊的絲巾、棉布、人造纖維布巾來製作的托特包,最好挑選
90cmX90cm 以上的方巾尺寸製作。布巾尺寸越大完成的托特包容量
也越大,適合用來裝上課使用的工具和大型生活用品。

【適合包裹物品】
上班和上課用品、上課用器材和用具、大型生活用品、二天一夜旅行生
活用品。

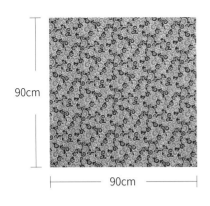

90cm

90cm

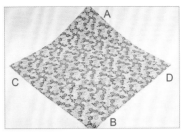

1 **反面朝上** 將布巾反面朝上。

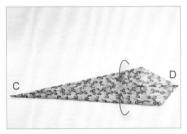

2 **折向中線** 將 A 和 B 布角折向中線。

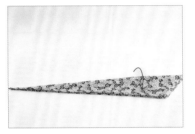

3 繼續將 AB 布邊折往中線。

4 **對折** 將 AB 布邊對折。

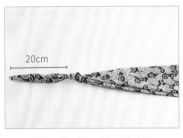

5 將 C 尖角順時針繞圈。

20cm

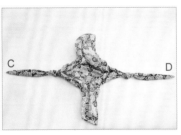

6 **綁單結** 將 C 綁一個約 20cm 長的單結 (參考 P19)。

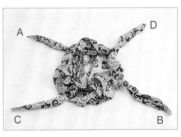

7 將 D 同樣綁一個約 20cm 長的單結 (參考 P19)。

8 將 A 和 B 同樣綁一個約 20cm 長的單結 (參考 P19)。

9 **綁平結** 將 B 和 C 尾端綁一個平結 (參考 P16)。

10 將 A 和 D 於尾端綁一個平結 (參考 P16) 即完成。

束口肩揹包

{ Drawstring Carry Wrap }

一塊布不用車縫,只要簡單打打結,
一分鐘內就可以完成的束口肩揹提袋,你一定可以輕鬆學會!

What you need

✓ **布巾尺寸**｜120cmX120cm
✓ **內容物**｜生活用品 & 隨身物品

How to choice

【如何選擇布巾?】
肩揹包需要較大面積的布巾才能完成,最好是採用 120cmX120cm
以上的絲巾、薄棉布方巾和人造纖維等防水布來製作。

【適合包裹物品】
上班和上課用品、上課用器材和用具、環保杯等隨身用品、二天一
夜旅行生活用品。

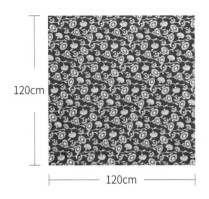

120cm

120cm

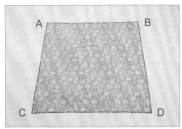

1 **反面朝上** 將布巾反面朝上。

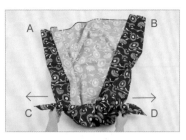

2 **綁活結** 將 C 和 D 綁一個活結（參考 P16）並往兩側拉緊。

3 轉 180 度，將 B 布角疊在 A 布角上面。

4 將 A 和 B 同樣綁一個活結（參考 P16）並往兩側拉緊。

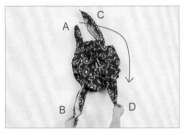

5 **轉 90 度** 將布巾反轉 90 度，把 B 和 D 轉向自己。

6 **綁平結** 將 B 和 D 綁一個平結（參考 P16）。

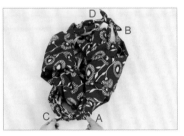

7 轉 90 度將 C 和 A 同樣綁一個平結（參考 P16）。

8 **平結往外拉** 轉 90 度後抓住 BD 平結和 AC 平結往兩側拉緊。

9 完成。

💡 伸縮袋口讓東西不外漏，
打開袋口和束緊袋口一秒搞定！

只要將袋口往外拉，就可以打開袋口。放入所有個人物品後只要如步驟 8 般抓住兩邊平結往兩側拉緊即可收緊袋口，方便又快速。

阿信肩揹‧提籃 兩用包

{ Basket Carry Wrap }

看起來像籃子般的大容量提袋，可以承載大型物品或禮盒。
包包提帶長度會因內容物的多寡而自由伸縮，因此可肩揹也可
手提，加上袋口有束口功能，可以安全攜帶重要物品。

What you need

✔ **布巾尺寸** │ 120cmX120cm
✔ **內容物** │ 大型生活用品與隨身物品

How to choice

【如何選擇布巾？】
最好選擇 70cm 以上的方巾製作，照片中示範的 120cm X120cm 布巾可以包裹完成一個大約 35cm 寬的包包，可依使用的用途決定布巾的大小。材質則可挑選一般棉布和較厚的斜紋布，較具耐重功能。

【適合包裹物品】
野餐餐盒和點心以及禮盒、上班和上課用品、上課用器材和材料、環保杯等隨身用品、二天一夜旅行生活用品。

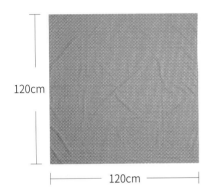

120cm × 120cm

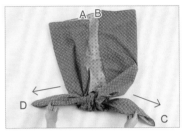

1 **反面朝上** 將布巾反面朝上。

2 **綁活結** 將 C 和 D 綁一個活結 (參考 P16) 並往兩側拉緊。

3 轉 180 度繼續將 A 和 B 同樣綁一個活結 (參考 P16) 並往兩側拉緊。

4 **扭轉布角** 將 A 和 B 往上抓起並扭轉布角。

5 **綁平結** 將 A 和 B 綁一個平結 (參考 P16)。

6 將 C 和 D 同樣綁一個平結 (參考 P16)。

7 完成。

☀ 伸縮開口容量超大，可依照容量大小變身可揹可提的購物袋！

將提袋底部的開口往外側拉即可將袋口打開。

束緊袋口很簡單，只要雙手抓住提袋底部往兩側拉緊即可收緊袋口，將兩邊提帶皆拉緊即可揹出門了！

領結袋蓋
斜揹包

{ Tie Bag Cover Carry Wrap }

可愛的領結袋蓋設計讓包包內的東西不外漏，
安全又防盜，是旅行隨身包包的最佳選擇。

What you need

✓ **布巾尺寸** | 100cmX100cm

✓ **內容物** | 隨身衣物用品

How to choice

【如何選擇布巾？】

100cm 以上的絲巾或薄棉布方巾都很適合來包裹，從兩天一夜到三天兩夜的旅行揹包，都可利用布巾的尺寸大小來製作。較厚的棉布或斜紋布因無法綁出漂亮的包包形狀而不建議使用。

【適合包裹物品】

生活用品購物、兩天一夜或三天兩夜旅行所需隨身用品。

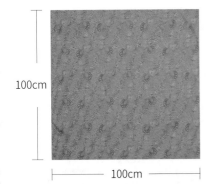

100cm

100cm

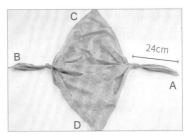

1 **綁單結** 先將布巾反面朝上，將 B 布角綁一個長約 24cm 的單結 (參考 P19)。

2 將 A 布角同樣綁一個長約 24cm 的單結 (參考 P19)。

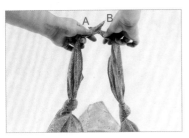

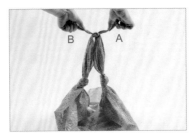

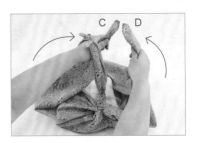

3 **抓起兩端布角** 將 B 和 A 往上抓起，將 B 疊在 A 上面。

4 **綁平結** 將 B 和 A 綁一個平結 (參考 P16)。

5 **抓起兩端布角** 將 C 和 D 抓至中心的平結下面。

6 **綁平結** 將 C 和 D 綁一個平結 (參考 P16)。

7 完成。

手提箱布包

{ Box Carry Wrap }

大型笨重的郵件箱子往往需要雙手抱著走，既危險又不方便。
只要利用手邊的方巾就可以輕鬆將箱子變成提袋，輕鬆不費力，
還可以將箱子掛在腳踏車手把上帶回家。

What you need

✓ **布巾尺寸** ｜ 97cm X 97cm

✓ **內容物** ｜ 箱子、紙箱等郵件包裹

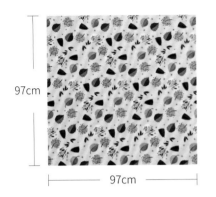

97cm

97cm

How to choice

【如何選擇布巾？】

布巾的尺寸須依箱子的大小來決定，基本上布巾的長度須為箱子較長邊的長度的 3 倍以上，布巾太短則無法包覆箱子。布巾材質建議以棉布較能乘載重量。

【適合包裹物品】

紙箱、大郵箱、大紙盒、多本書籍、多片木板等大型物品。

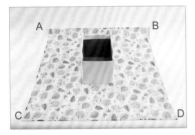

1 放置箱子 布巾反面朝上，將箱子放在布巾中間。

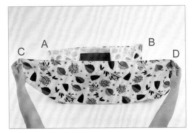

2 布角折向箱子 將 C、D 布邊折往中間覆蓋在箱子上面。

3 抓起布角 將 C 和 D 布角抓往箱子上面。

4 綁平結 將 C 和 D 綁一個平結（參考 P16）。

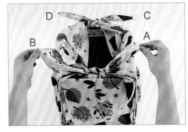

5 將箱子轉 180 度，將 B 和 A 綁一個平結（參考 P16）。

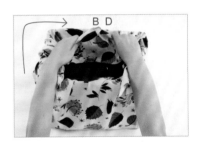

6 抓起平結 將箱子轉 90 度，將平結的 B 和 D 布角抓往箱子中間。

7 綁平結 將 B 和 D 布角綁一個平結（參考 P16）。

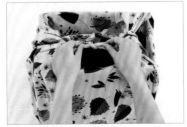

8 將箱子轉 180 度，抓起另一邊平結的 A 和 C 布角綁一個平結（參考 P16）。

9 將箱口開口邊緣的布反折進箱內即可將箱子拎著走。

戒指環肩揹包

{ Ring Shape Carry Wrap }

外型像戒指般的肩揹包不僅造型新穎，揹在肩上感覺更加亮麗有型，重點是絕對不會撞包。

What you need

✓ **布巾尺寸** │ 90cmX90cm
✓ **內容物** │ 上班、上課用品和個人隨身小物

How to choice

【如何選擇布巾？】
考慮到使用的舒適性與便利性，布巾的大小最好設定在 90cmX90cm 以上。布巾越大完成的包包越能裝入更多東西，可依使用目的來挑選布巾的尺寸。布巾材質建議挑選絲巾、人造纖維絲巾和較薄的棉布，太硬挺的棉布則不建議。

【適合包裹物品】
上班和上課用品、筆記和用具、環保杯等隨身用品、二天一夜旅行生活用品。

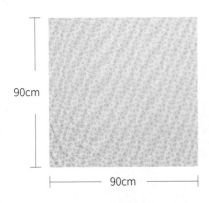

90cm

90cm

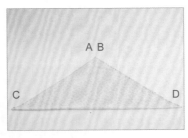

1 **折成三角形** 將布巾反面對折成三角形。

2 **綁2個單結** 將C和D各綁一個18cm長的單結（參考P19）。

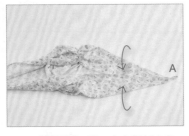

3 **翻至正面** 將兩單結折向中心，將A和B打開翻至布的正面。

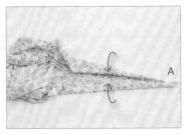

4 **對折布角** 將A布角對折中線。

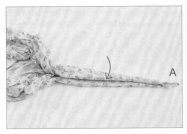

5 繼續再將A布角對折中線。

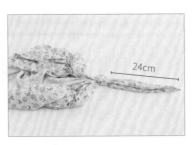

6 再對折A布角的中線。

24cm

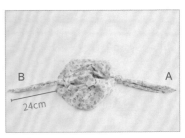

7 **綁單結** 將A綁一個24cm長的單結（參考P19）。

24cm

8 同樣將B綁一個24cm長的單結（參考P19）。

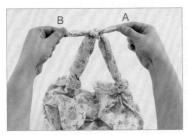

B A

9 **綁平結** 將B、A布角尾端綁一個平結（參考P16）形成提帶。

10 完成。

辮子肩帶
側揹包

{ Braid Shape
Shoulder Bag Wrap }

有著麻花辮子的提帶，掛在胸前特別好看，
只用一塊布就能完成的單肩揹包不難，
但絕對是獨一無二的個人專屬訂製包！

What you need

✓ **布巾尺寸** | 90cmX90cm
✓ **內容物** | 上班和上課筆記、環保杯等隨身用品。

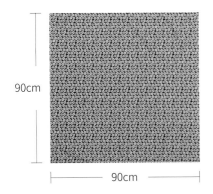

90cm

90cm

How to choice

【如何選擇布巾？】

90cmX90cm 的布包適合平日上班、上課及外出使用，120cmX120cm 的布包可當成兩天一夜的旅行揹包，130cmX130cm 以上的布包則可裝入三天兩夜的旅行物品。一般人造纖維絲巾或棉布巾都可拿來包裹。

【適合包裹物品】

化妝包等個人用品、上班和上課用品以及筆記和工具、二天一夜旅行生活用品。

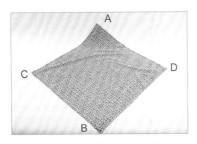

1 **反面朝上** 將布巾反面朝上平放。

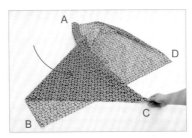

2 **折布角** 將 C 布角折往 B、D 布邊的中間。

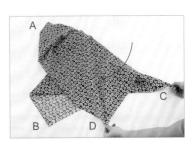

3 繼續將 D 布角折往 B 和 C 的中間。

4 **抓住布角底部** 用雙手分別抓住 B、D 和 C 布角的底部。

5 **編辮子** 將 B、C、D 三條布角用編辮子方式編至尾端。

6 **綁平結** 將較短的兩條布角繞至反面綁一個平結 (參考 P16)。

7 **抓起布角** 抓起剩下的兩邊布角至中間。

8 **綁平結** 將兩布角綁一個平結 (參考 P16) 形成肩帶。

9 完成。

Chapter 3

超實用
生活收納提包

[Daily Carry Bags]

絲巾和布巾不再只能當成頭巾和圍巾，便當袋、隨身瓶保護套、面紙套、香檳酒類手提布包、布書衣等生活用品和隨身用品都可以用隨身的絲巾和布巾包裹完成，多功能用途既實用又時尚，不管是當禮物或自用都很有面子！

家庭派對
餐包手提袋

{ House Party Meal Carry Wrap }

參加朋友的 House Party 當然不能空手到,將精心製作的拿
手料理,用美美的布巾包裝成禮物包,提帶設計方便手提攜
帶,不用擔心路上打翻危機。

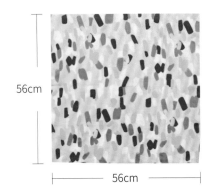

56cm

56cm

What you need

✓ **布巾尺寸** | 56cmX56cm
✓ **內容物** | 餐盒

How to choice

【如何選擇布巾？】
依每個人的餐盒大小來決定包裹的布巾尺寸，原則上餐盒的長度約為布巾對角線長度的 1/3 較為合適。布巾材質則無限制，只要不是太硬挺的厚布巾即可。

【適合包裹物品】
餐包、餐盒、水果盒、點心盒、糕點禮盒等派對餐點。

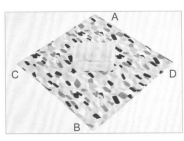

1 **放置餐盒** 布巾反面朝上，將餐盒放在布巾中間。

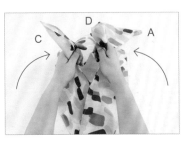

2 **抓起布角** 將 C 和 D 布角抓往中間。

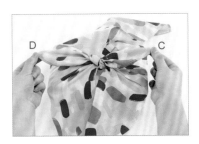

3 **綁活結** 將 C 和 D 布角綁一個活結（參考 P16）。

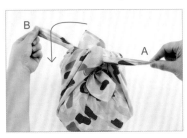

4 轉 90 度將 A 和 B 布角綁一個活結（參考 P16）。

5 **拉緊活結** 將活結往兩側拉緊。

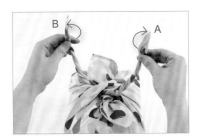

6 **扭轉布角** 將 A 布角順時針、B 布角逆時針扭轉。

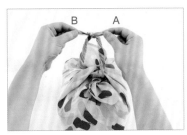

7 **綁平結** 將 B 和 A 布角尾端綁一個平結（參考 P16）。

8 完成。

甜美風
浪漫面紙盒套

{ Tissue Box Cover Wrap }

不用車縫的面紙套一樣可以將面紙盒包裝的美美的，
利用四方巾的兩側完美打結，就能完成好看的面紙盒套，
甜美的、可愛的 .... 隨妳換！

What you need

✓ **布巾尺寸** ｜ 54cmX54cm
✓ **內容物** ｜ 面紙盒

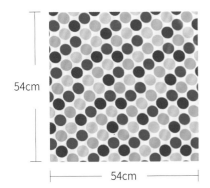

54cm

54cm

How to choice

【如何選擇布巾？】
可依家裡的面紙盒和大袋裝抽取面紙的大小來挑選布巾尺寸，原則上從 50~60cm 的方巾都可以包裝成功。從絲巾到棉布都可以拿來包裹製作。

【適合包裹物品】
面紙盒、大袋裝抽取式面紙。

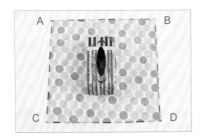

1 放置面紙盒 布巾反面朝上，將面紙盒放在布巾中間。

2 折疊布邊 將 CD 布邊折向面紙盒上面。

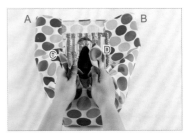

3 抓起布角 將 C 和 D 布角抓往面紙盒上面。

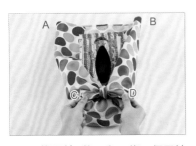

4 綁平結 將 C 和 D 綁一個平結（參考 P16）。

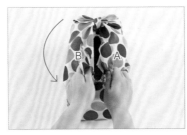

5 將箱子轉 180 度，同樣將 BA 布邊折向面紙盒。

6 綁平結 將 B 和 A 綁一個平結（參考 P16）。

7 整理布邊 將盒口兩側的布邊抓起整理平順。

8 完成。

不管是面紙袋或面紙盒都可利用布巾包出漂亮的面紙盒套。

風呂敷
餐盒手提袋

{ Lunch Box Carry Wrap }

日劇裡，媽媽都會用布巾把愛心便當美美的包好，讓老公、小孩提出門。在打開結的剎那間，似乎可以感受幸福的美味。

What you need

✓ **布巾尺寸**｜50cmX50cm
✓ **內容物**｜方型便當餐盒

How to choice

【如何選擇布巾？】
一般的便當盒都可以用 50cm 的方巾來包裝完成，雙層以上的便當餐盒就必須使用 60cm 以上的方巾才能完整包裹。任何材質的布巾都可以輕鬆包出小巧可愛的提袋。

【適合包裹物品】
方形、圓形、橢圓形、長方形和多層便當盒和餐盒。

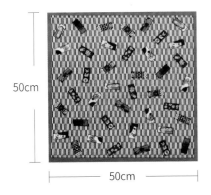

50cm

50cm

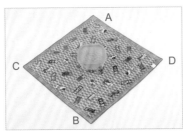

1 **放置便當餐盒** 布巾反面朝上，將野餐籃放在布巾中間。

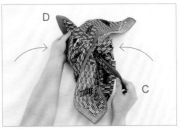

2 **綁活結** 將 C 和 D 布角抓往中間，綁一個活結 (參考 P16)。

3 **綁平結** 繼續將 C 和 D 綁一個平結 (參考 P16)。

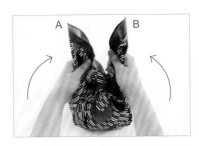

4 **聚攏布角** 把餐盒轉 90°將 A 和 B 布角抓起往中間聚攏。

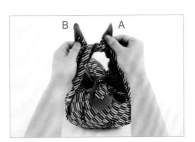

5 **綁活結** 將 A 和 B 綁一個活結 (參考 P16)。

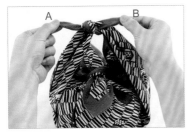

6 **綁平結** 再繼續將 A 和 B 布角綁一個平結 (參考 P16)。

7 完成。

大人風
手提便當袋

{ Meal Box Carry Wrap }

不想帶太可愛的便當袋去上班?那就試試帶有成熟大人味的便當袋吧!同樣不需車縫就可以輕鬆完成的布包設計,你一定不可錯過!

What you need

✓ **布巾尺寸**｜90cmX90cm
✓ **內容物**｜長方型便當餐盒

How to choice

【如何選擇布巾?】
不管任何形狀的便當盒,只要用 50cm 的方巾就可完成提袋包裝。雙層以上的便當餐盒同樣必須使用 60cm 以上的方巾來包裝。身邊隨手任何材質的布巾都可以拿來包裹。

【適合包裹物品】
方形、圓形、橢圓形、長方形和多層便當盒和餐盒。

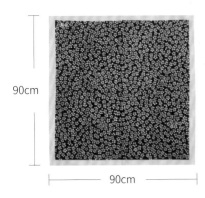

90cm

90cm

1 **放置便當餐盒** 布巾反面朝上，將便當盒放在布巾對角線邊的上面。

2 **包覆便當盒** 將 B 折往中間，抬起便當盒，將 B 布角塞入便當盒底下。。。

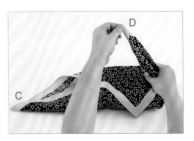

3 **折疊布角** 將 A 折往中間覆蓋在便當盒上面。

4 **抓取布角** 用左手將 D 布角底部聚攏，右手拉緊布角。

5 **提起布角** 將 D 布角往上提起。

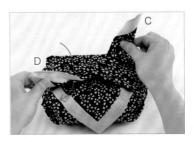

6 **聚攏布角** 將 C 和 D 布角抓起往中間聚攏。

7 **交疊布角** 將 D 疊在 C 上面。

8 將 D 尖角由 C 下方穿過並拉出來。

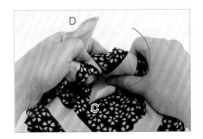

9 **繞綁布角** 將 C 往下繞一圈塞入底部。

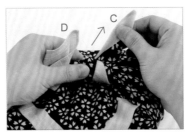

10 將 C 穿過底部並拉出來。

11 **塞入布角** 將 C 尖角尾端塞入繞圈的帶環裡。

12 另一邊布角同樣塞入帶環裡。

13 確認布角都塞入帶環裡即完成。

帶著走
隨手瓶 & 飲料瓶
保護提袋

{ Water & Beverage bottle
Carry Wrap }

現代人幾乎人手一瓶飲料，手握不好拿，
那就用隨身的方巾包出一個隨身瓶保護套提袋吧！
即使飲料瓶也可以美美地拎著走。

What you need

✓ **布巾尺寸**｜50cmX50cm
✓ **內容物**｜500ml 飲料瓶 & 350ml 隨身瓶

How to choice

【如何選擇布巾？】

市售一般的飲料瓶都可以用 50cmX50cm 寬的布巾包裝成保護套手提袋，如果隨身瓶容量超過 500ml 以上，包裹的布巾也需要跟著加大。棉質材料的耐重性與保護作用較強，較薄的布料將更容易打結包裹。

【適合包裹物品】

飲料瓶、隨身瓶、保溫瓶、蘋果 / 橘子 / 柳橙等小型水果。

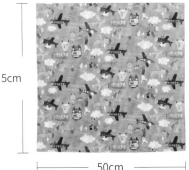

5cm

50cm

50cm

50cm

1 **放置飲料瓶** 將飲料瓶放在 AB 布邊中間，將布邊拉起直到瓶身頸部。

2 **綁平結** 將 A 和 B 布角折往瓶身，並在瓶身頸部綁一個平結 (參考 P16)。

3 **塞入布角** 將 D 布角塞入平結底部並往上拉出。

4 **拉出布角** 將 C 和 D 布角皆塞入平結底部並往上拉出。

5 **扭轉布角** 將 D 布角順時針、C 布角逆時針扭轉。

6 **綁平結** 將 C 和 D 布角尾端綁一個平結 (參考 P16)。

7 完成。

城市悠遊
共享包

{ 2 Beverage Bottle Carry Wrap }

假日想找人一起騎車吹吹風，到處走走享受恣
意的悠遊時光，別緻的水瓶共享包掛在車把上，
時尚又吸精。

What you need ▶

✓ **布巾尺寸**｜56cmX56cm
✓ **內容物**｜300ml 飲料瓶 X 2

How to choice ▶

【如何選擇布巾？】

隨著包裝瓶子的數量增加，包裹的布巾也需要跟著加大。而 60cmX60cm 以上的絲巾或布巾才可以完整的包裹兩瓶飲料瓶，瓶子越大布巾的尺寸也必須加大。較薄的布料比較適合包裹打結，絲巾或薄棉布都很適合。

【適合包裹物品】

雙瓶礦泉水、飲料瓶、隨身瓶、保溫瓶等飲料罐。

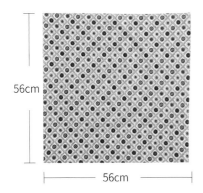

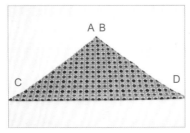

1 折成三角形 將布正面對折成三角形。

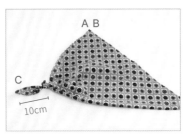

2 綁單結 將 C 綁一個約 10cm 長的單結 (參考 P19)。

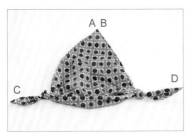

3 綁 2 個相同單結 將 D 也綁一個長度約 10cm 的單結 (參考 P19)。

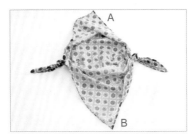

4 打開攤平 將 A 和 B 打開並攤平。

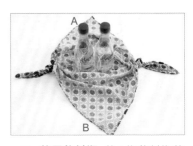

5 放置飲料瓶 將 2 瓶飲料瓶放在布巾中間。

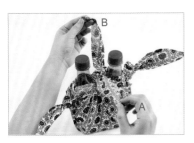

6 綁活結 將 A 和 B 綁一個活結並拉緊 (參考 P16)。

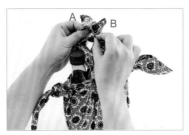

7 綁平結 將 A 和 B 尾端綁一個平結 (參考 P16)。

8 完成。

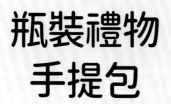

瓶裝禮物
手提包

{ Bottle Gift Wrap }

不管是送禮或是參加派對，帶瓶好酒與好朋友分享絕對是首選，將香檳或紅酒用好看的絲巾或布巾包裝而成的禮物，感受到彼此的心意無價！

What you need

✓ **布巾尺寸** | 68cmX68cm
✓ **內容物** | 750ml 紅酒

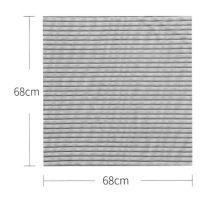

68cm

68cm

How to choice

【如何選擇布巾？】

如果是 750ml 的紅酒或香檳，可以採用 68cm 寬的方巾。一公升的酒瓶則需要 90cm 寬以上的布巾來包裝，大家趕快找出自己珍藏的絲巾或薄棉方巾。

【適合包裹物品】

香檳、紅酒、白酒、冰酒等圓形酒瓶飲料。

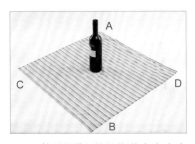

1 **放置酒瓶** 將酒瓶放在布巾中間。

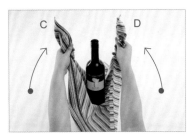

2 **拉起布角** 將 C 和 D 布角抓往中間。

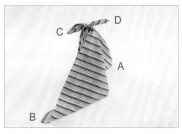

3 **綁平結** 將 C 和 D 布角綁一個平結 (參考 P16)。

4 **拉起布角** 將 A 和 B 布角往上抓起。

5 **交叉布角** 將兩端布角拉至瓶身後面交叉。

6 **綁平結** 將兩端布角拉至瓶身前面綁一個平結 (參考 P16)。

前　後

7 完成

☀️ 簡單一步驟變身酒瓶手提布包

只要扭轉平結兩端布角，在布角尾端再綁一個平結，就可以用手將酒拎著走。

分享瓶手提包

{ 2 Battle Carry Wrap }

一種與妳分享的概念,只要兩個相同的物品都可以用這種方式輕鬆包裝。準備好一條喜歡的方巾,打算來場意外驚喜。

✓ **布巾尺寸** | 90cmX90cm
✓ **內容物** | 750ml 酒瓶 X2

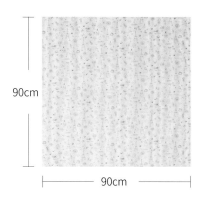

90cm

90cm

【如何選擇布巾？】

包裹的布巾對角線長度最好是酒瓶高度的 3~4 倍。布巾材質建議挑選耐重性高的棉布，能安全地攜帶任何沈重的物品。

【適合包裹物品】

酒、瓶罐、酒杯、書、盒子、水果等相同的兩樣物品。

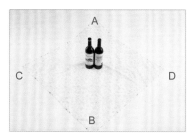

1 **放置酒瓶** 將兩瓶酒瓶放在布巾反面正中間。

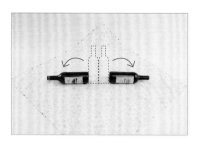

2 **放倒酒瓶** 將酒瓶往左右兩側放倒平放。

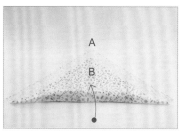

3 **覆蓋酒瓶** 將 B 折往 A 覆蓋在酒瓶上面。

4 **捲動酒瓶** 用手抓緊瓶身往布角方向捲動，使布與瓶身緊緊貼合。

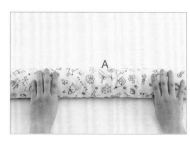

5 **布角朝上** 捲至布角尾端，使 A 的布角朝上。

6 **抓起酒瓶** 用手抓起 CD 布角，使酒瓶往中心靠攏。

7 **綁活結** 將 C 和 D 綁一個活結（參考 P16）並拉緊。

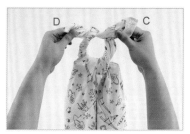

8 **綁平結** 將 C 和 D 扭轉後，在尾端綁一個平結（參考 P16）即完成。

9 完成。

微醺
輕搖禮袋

{ Bottle Carry Wrap }

小布環的設計，綁出瓶身的優雅。
拎著，就能出門探訪好友。
隨著輕鬆的音樂，恣意的享受微醺的浪漫吧！

What you need

✓ **布巾尺寸** │ 78cmX78cm
✓ **內容物** │ 750ml 酒瓶

How to choice

【如何選擇布巾？】
如果攜帶像玻璃瓶這樣的重物，建議使用堅固耐用的的棉織布。可以依照瓶子容量的大小挑選棉布的尺寸，例如 750ml 的酒可以採用 78cm 寬的方巾包裝，1000ml 的酒可以挑選 90cm 寬以上的方巾，而 1000ml 以上的酒瓶需用到 110cm 寬以上的布巾包裝。

【適合包裹物品】
玻璃瓶、酒瓶、飲料瓶。

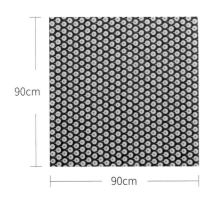

90cm

90cm

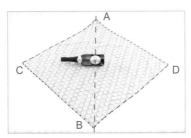

1 **放置酒瓶** 將酒瓶放在布巾對角中線上，瓶身稍微突出中線的左邊多一些。

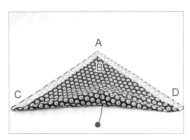

2 **覆蓋酒瓶** 將 B 折往 A 覆蓋在酒瓶上面。

3 **捲動酒瓶** 用手抓緊瓶身往布角方向捲動，使布與瓶身緊緊貼合。

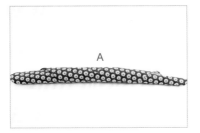

4 **布角朝上** 捲至布角尾端，使 A 布角朝上疊放在瓶身上。

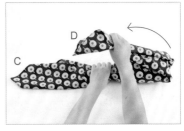

5 **抓起布角** 先用左手抓住瓶身頸部位置，右手抓住 D 布角繞往瓶身。

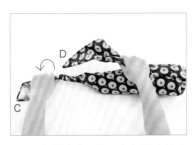

6 **扭轉布角** 將 C 布角逆時針方向扭轉。

7 **交叉布角** 將 C 往下拉，與 D 交叉再拉往相反方向。

8 **綁活結** 將 C 和 D 繞到瓶身另一面，綁一個活結 (參考 P16)。

9 **綁平結** 繼續將 C 和 D 綁一個平結 (參考 P16)。

10 完成。

布環設計更方便將酒瓶提著走！

情人對杯
真心提包

{ 2 Whiskey Glass Wrap }

想成為你心裡最特別的人，
用漂亮的的包裝，俏皮的蝴蝶結，
綁住滿滿的用心。

What you need

✓ **布巾尺寸**│50cmX50cm
✓ **內容物**│威士忌酒杯 X 2 個

How to choice

【如何選擇布巾？】
因為是易碎玻璃杯，所以建議使用堅固耐用的的棉織布。一般的無根酒杯和茶杯都可以用 50cmX50cm 布巾包裝，高腳杯則需要用 70cm 寬左右的方巾才好包裝。

【適合包裹物品】
2 個玻璃杯、2 個茶杯、2 個高腳杯、2 個蘋果 / 柑橘等小型水果。

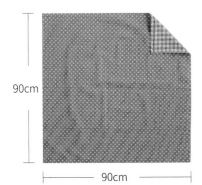

90cm
90cm

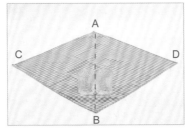

1 放置酒杯 將兩個酒杯放在布巾反面靠近 B 的中心位置。

2 放倒酒杯 將酒杯往左右兩側放倒平放。

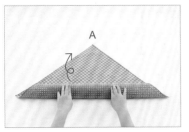

3 捲動酒瓶 將 B 覆蓋在酒杯上面。用手抓緊酒杯往另一端布角方向捲動，注意布與杯身需緊緊貼合。

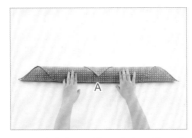

4 布角朝上 捲至布角尾端，使布角 A 朝上。

5 抓起酒瓶 用手抓起 CD 布角，使酒瓶往中心靠攏。

6 綁平結 將 C 和 D 綁一個平結（參考 P16）並拉緊。

7 將平結耳朵整理平順即完成。

和風自在
布書衣

{ Cloth Dust Wrapper Wrap }

充滿設計與實用的布書衣，適合任何尺寸，
不需車縫，花點小心思就可以摺出兼具收納
袋的創意布書衣，將影像紀事收錄下來。

What you need

✓ **布巾尺寸** | 50cmX50cm
✓ **內容物** | 書籍

How to choice

【如何選擇布巾？】
可依書本大小決定布巾的尺寸，布巾寬需要等於或大於書長度的 3 等
份，且書勿超過布寬的 1/2。絲巾或人造纖維絲巾因為滑手不好包裹，
所以採用棉布較佳。

【適合包裹物品】
書、筆記、日記、日誌、記帳本。

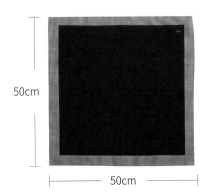

50cm

50cm

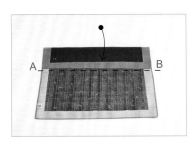

1 **反面朝上** 將布巾反面朝上,書本尺寸需大於或等於 1/3 布巾。

2 **反折至中線** 將 AB 布邊反折至中線位置。

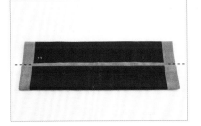

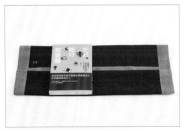

3 **反折布邊** 將側邊分成 3 等分,把 CD 布邊反折至 1/3 等分位置。

4 再往上反折 1/3 等分,覆蓋在 AB 布邊上面。

5 **確認書本長度** 將書本放在布上面,確認布巾長度稍微大於書本。

6 **翻至反面** 將布巾翻至反面。

7 **確認中線位置** 將書本的書背位置放在布巾中線上面。

8 **套入夾層** 先將布巾側邊往上折,將書本封面插入布巾側面夾層裡。

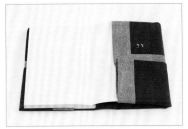

9 **整理夾層** 將封面完全塞入夾層並整理平整布面。

10 書本封底同樣插入另一邊布巾側邊夾層即完成。

書衣口袋可放入筆或是名片等文具小物。

職人雙書
手提包

{ 2 Books Carry Wrap }

一開始以仿公事包的設計概念，將兩本書對等包覆，
耐人尋味的手綁提環，有著日式風格的簡約思考，
也是對生活的另一種新體驗。

What you need

- ✓ **布巾尺寸** | 70cmX70cm
- ✓ **內容物** | 2本書

How to choice

【如何選擇布巾？】

不管是絲巾或棉布包起來都很搶眼，但需挑選薄棉布，太厚的布無法
對折成型。70 公分寬以上的布巾才能完整包覆兩本書，書本尺寸大
布巾也需跟著變大。

【適合包裹物品】

書本、筆記、日記、扁盒。

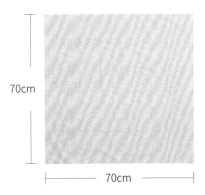

70cm

70cm

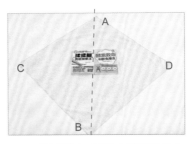

1 **放置書本** 將兩本書對齊放在布巾中間。

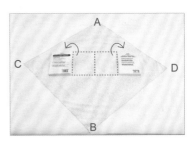

2 **翻倒書本** 將書本各自往兩側翻倒，使書的封底朝上。

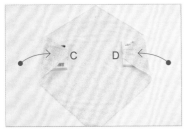

3 **反折布角** 將 C 和 D 布角反折覆蓋書本。

4 **併排書本** 將書本往中線翻倒對齊併排在一起。

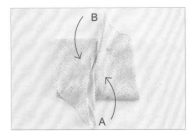

5 **反折布角** 將 A 和 B 布角折向書本上面。

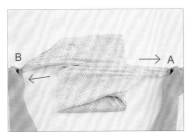

6 **拉緊布角** 轉 90 度將 A 和 B 布角往兩側拉緊。

7 **扭轉布角** 將 A 順時針方向扭轉、B 逆時針方向扭轉。

8 **對折書本** 將書本向下對折。

9 **綁平結** 將 A 和 B 布角尾端綁一個平結 (參考 P16) 即完成提帶。

10 完成。

Chapter 4

一定要學會！超美型布巾禮物包

[Chic Gift Wrap]

用布巾包裹的禮物，是一種愛惜尊重的生活態度，以布巾的溫潤質感來傳達人與人之間的情誼，與對大地環境的愛護，令人由衷的喜愛。以簡約的風格，包出蘊藏的美感，這就是布巾包的魅力。

領結緞帶禮物包

以布巾的對角綁出大大的領結，像緞帶般斜放在盒子上，像是藝術般襯托出布紋的視覺焦點，只用一塊布包裝而成的創作令人驚艷！

What you need

✓ **布巾尺寸** │ 50cmX50cm
✓ **內容物** │ 長型扁盒

How to choice

【如何選擇布巾？】
選擇布巾尺寸時，布巾對角線的長度需是盒子的長度 (長 + 高)X3 倍。如果是 50cm 長的布巾，可以包裝平裝書、CD 等物品。布巾圖案和材質可依個人喜好挑選，雙面布則可包出雙色領結的裝飾效果。

【適合包裹物品】
書、CD、扁盒、相框、小畫框、小相簿。

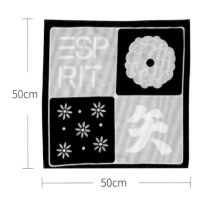

50cm

50cm

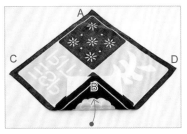

1 **放置盒子** 將布巾朝上，在 A 和 D 布邊 1/2 中間位置、再垂直往內 10cm 處放置盒子。

2 **翻轉盒子** 將盒子往 B 布角方向翻轉至另一面。

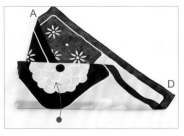

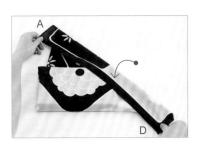

3 **包覆盒子** 將 B 布角覆蓋在盒子上面。

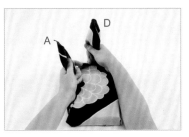

4 將 C 布角折往中間覆蓋在盒子上。

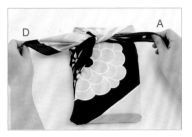

5 **翻轉盒子和布巾** 抓緊盒子和布巾一起往中心翻轉，翻轉回之前的位置。

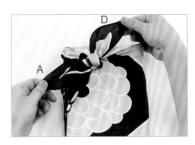

6 **反折布邊** 將 A 和 D 布邊反折碰到盒子後，覆蓋在盒子上。

7 **聚攏布角** 轉 90 度，抓取 A 和 D 布角，往盒子邊角上面聚攏。

8 **綁活結** 將 A 和 D 在盒子邊角上綁一個活結 (參考 P16)。

9 **綁平結** 將 A 和 D 綁一個平結 (參考 P16)。

10 將平結耳朵整理平順即完成。

盛開花辦
禮盒布包

{ Petalled Carry & Gift Wrap }

像一朵盛開的花覆蓋在盒子上的布巾禮盒，看起來複雜其實很簡單，只要會綁活結就可以輕鬆完成，是不是躍躍欲試呢？

What you need

✓ **布巾尺寸**｜70cmX70cm
✓ **內容物**｜圓柱型盒子

How to choice

【如何選擇布巾？】

如何挑選包裹正方形或六角形和圓柱型盒子的布巾？只要布巾的對角線長度是盒子 (長 + 高)X3 倍即適用。建議挑選絲質或是人造纖維布巾，包裹出來的花瓣線條較柔美，而棉布則可包裹出可愛立體的效果。

【適合包裹物品】

正方形禮盒、六角形禮盒、圓柱型禮盒。

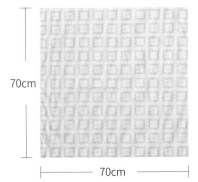

70cm
70cm

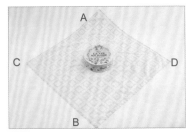

1 **放置盒子** 布巾反面朝上，將盒子放在布巾中間。

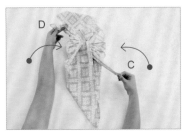

2 **綁活結** 將 C 和 D 拉往中間綁一個活結 (參考 P16)。

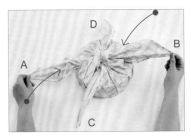

3 繼續將 A 和 B 拉往中間綁一個活結 (參考 P16)。

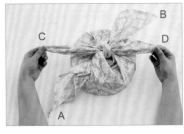

4 繼續將 C 和 D 拉往中間綁一個活結 (參考 P16)。

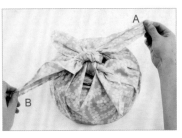

5 同樣再將 A 和 B 拉往中間綁一個活結 (參考 P16)。

6 將所有平結的耳朵整理平順即完成。

像盛開花朵般的心意～

雙結造型
布包禮盒

{ 2 Knots Carry Wrap }

長條型禮盒常常因為不好包裝而被忽略，其實只要運用布巾四個角的交叉對應，就可以包出另人驚艷的布包禮盒，獨特的造型包裝讓送禮超有面子！

What you need

✓ **布巾尺寸**｜70cmX70cm
✓ **內容物**｜長形盒子

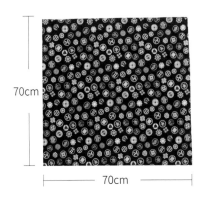

70cm

70cm

How to choice

【如何選擇布巾？】
只要布巾的對角線的長度是盒子長度的 3 倍，就可以包裹出漂亮的禮物。如果是送禮的話，絲質或是人造纖維材質等柔軟的布巾較能表現雙結的立體感。一般包裹物品的布巾則可挑選常用的棉布布巾。

【適合包裹物品】
長形盒子、酒瓶禮盒、長型禮物等長型物品。

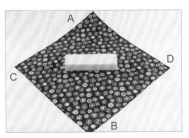

1 放置盒子 布巾反面朝上，將盒子放在布巾中間。

2 拉往中間 將 A 和 B 布角拉往盒子上方。

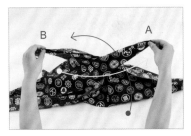

3 交叉布角 將 A 和 B 交叉繞綁並往左右反方向拉。

4 拉緊布角 用手將 A 和 B 布角往反方向用力拉緊。

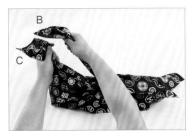

5 聚攏布角 接著拉起 B 和 C 布角。

6 綁平結 將 B 和 C 綁一個平結（參考 P16）。

7 接著繼續拉起 A 和 D 布角聚攏在一起。

8 綁平結 將 A 和 D 綁一個平結（參考 P16）。

9 將所有平結的耳朵整理平順即完成。

只要一個動作，就可以把一塊布同時變成花苞布
包禮盒 & 花朵布包禮盒 & 兔耳朵布包禮盒，
超高 CP 值的三種禮物包裝法一次滿足！

What you need

✓ **布巾尺寸** │ 50cmX50cm、
56cmX56cm

✓ **內容物** │ 方形禮盒、圓形禮盒

How to choice

【如何選擇布巾？】

花苞＆兔耳朵布包禮盒：花苞的花瓣和兔子的耳朵都需要呈現直立挺直的狀態，所以布巾的選擇以較硬挺的棉布較佳。
花朵布包禮盒：花朵的花瓣呈現盛開狀，所以可選擇絲巾、人造纖維和薄棉布等較柔軟材質。

【適合包裹物品】

方形禮物和禮盒、圓形禮物、圓柱型禮盒。

[花苞布包禮盒]

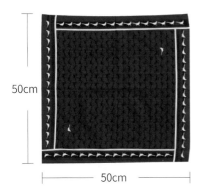

50cm

50cm

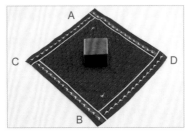

1　放置盒子　布巾反面朝上，將盒子放在布巾中間。

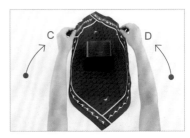

2　拉起布角　將 C 和 D 拉往中間盒子上方。

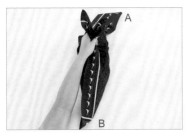

3　抓取布角　用左手抓取 C 和 D 布角底部。

4　將 B 布角往上拉起到盒子上方。

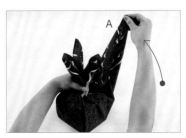

5　聚合布角　同樣用左手再抓取 B 布角，並將 A 布角同樣拉往盒子上方。

6　繞綁布角　將 A 布角順時針繞過三個布角底部一圈。

7　綁單結　將 A 布角繞綁一個單結（參考 P19）並拉出 A 布角。

8　拉緊 A 布角並將其他三個布角耳朵往外拉伸，即完成。

💡 簡單一步驟 花苞布巾禮盒馬上變身"兔耳朵布包禮盒"

抓住一個布角往後沿著底部 繞綁一圈

將尖角塞入底部的結後再拉出 尾端

可愛的兔耳朵布包禮盒就完 成了！

[花朵布包禮盒]

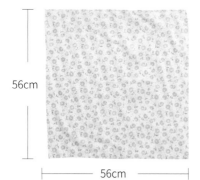  

56cm

56cm

1 **花朵布包禮盒** 布巾反面朝上， 將圓柱形盒子放在布巾中間。

2 同前步驟 2-8，完成圓柱形花 苞布包禮盒。

💡 只要一個動作 花苞布包禮盒立刻變成"盛開的花朵布包禮物"

只要將三邊布角尾端往中心折

用食指將尖角塞入中心的洞裡

一朵盛開的花朵布包禮物盒 就完成了！

愛手作系列 013

不用縫、超簡單
和風方巾包出可揹可提
萬用手作包

繪虹

國家圖書館出版品預行編目（CIP）資料

不用縫、超簡單：和風方巾 包出可揹可提萬用手
作包 / 繪虹生活小組著 .-- 初版 .-- 新北市：繪虹
企業，2018.01　面；　公分
ISBN 978-986-95406-7-4（平裝）

1. 手提袋 2. 手工藝

426.7　　　　　　　　　　106020454

編著／**GALAXY**
副總編／王義馨
編輯／鄧惠敏
封面設計・版面設計／N.H.design
攝影／林永銘（二三開影像興業社）
發行人／張英利
出版者／繪虹企業股份有限公司
電話／02-2218-0701
傳真／02-22180-704
地址／新北市新店區中正路 499 號 4 樓
E-Mail／rphsale@gmail.com
Facebook／繪虹粉絲團

台灣地區總經銷／聯合發行股份有限公司
電話／02-2917-8022・傳真／02-2915-6276
地址／231 新北市新店區寶橋路 235 巷 6 弄 6 號 2 樓

初版一刷／2018 年 1 月
定價／320 元
ISBN／978-986-95406-7-4（平裝）

如有缺頁、破損或裝訂錯誤，請寄回本公司更換，謝謝。
【版權所有，翻印必究】Printed in Taiwan